中国科学院物理专家 周士兵 编写

星蔚时代 编绘

哈！

看得见的

物理

相生相伴的奇妙力量
电和磁

中信出版集团 | 北京

图书在版编目（CIP）数据

相生相伴的奇妙力量：电和磁 / 周士兵编写；星
蔚时代编绘 . -- 北京 : 中信出版社 , 2024.1（2024.8重印）
（哈！看得见的物理）
ISBN 978-7-5217-5797-2

Ⅰ.①相… Ⅱ.①周…②星… Ⅲ.①电磁学 – 少儿
读物 Ⅳ.① O44-49

中国国家版本馆 CIP 数据核字 (2023) 第 114409 号

相生相伴的奇妙力量：电和磁
（哈！看得见的物理）

编　　写：周士兵
编　　绘：星蔚时代
出版发行：中信出版集团股份有限公司
　　　　　（北京市朝阳区东三环北路27号嘉铭中心　邮编　100020）
承 印 者：北京启航东方印刷有限公司

开　　本：889mm × 1194mm　1/16　　　印　张：3　　　字　数：150千字
版　　次：2024年1月第1版　　　　　　印　次：2024年8月第3次印刷
书　　号：ISBN 978-7-5217-5797-2
定　　价：120.00元（全5册）

出　　品：中信儿童书店
图书策划：喜阅童书
策划编辑：朱启铭 由蕾 史曼菲
责任编辑：房阳
特约编辑：范丹青
特约设计：张迪
插画绘制：周群诗 玄子 皮雪琦 杨利清
营　　销：中信童书营销中心
装帧设计：佟坤

目录

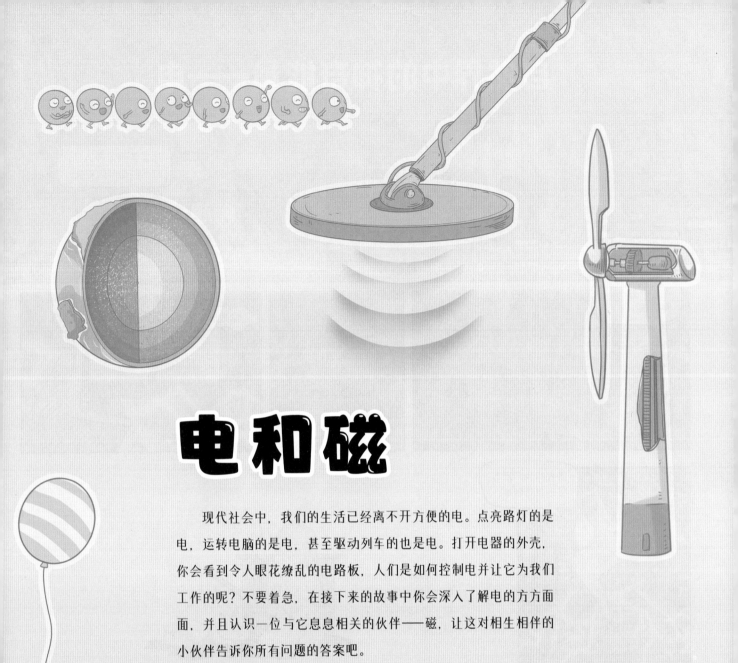

电和磁

　　现代社会中，我们的生活已经离不开方便的电。点亮路灯的是电，运转电脑的是电，甚至驱动列车的也是电。打开电器的外壳，你会看到令人眼花缭乱的电路板，人们是如何控制电并让它为我们工作的呢？不要着急，在接下来的故事中你会深入了解电的方方面面，并且认识一位与它息息相关的伙伴——磁，让这对相生相伴的小伙伴告诉你所有问题的答案吧。

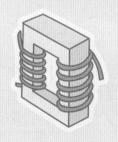

自然界中的神奇能量——电

这雷阵雨太吓人了，时不时还有闪电呢。

电光一晃，闪亮登场！

你是谁？

我是电，一种自然现象和能量。

伟大的我广泛存在于自然当中。

古时人们发现用摩擦过的琥珀棒靠近猫，能将猫身上的毛吸起来。

人们发现抱起尼罗河中的一种鱼（电鳗），会让人全身抽搐。

这些现象都是因为有我存在。

冬天，我们穿着毛衣，摸门把手有时会感到一阵刺痛，甚至看到火花。

那你为什么会在打雷时出现？你和雷雨有什么关系？

我就在其中。因为雷雨中的闪电是大自然中的放电现象。它是一种纯粹的电。

人们曾以为闪电是上帝在发怒，后来有位叫富兰克林的科学家声称用风筝在雷雨天引下了雷中的电，之后用实验证明了雷电就是电。

这个实验很危险，大家可千万不要模仿哟！

啊，这就是电！

我也是。

原来这些现象都与你有关啊，很高兴认识你。

不好意思，我忘了告诉你不能随便碰我了。

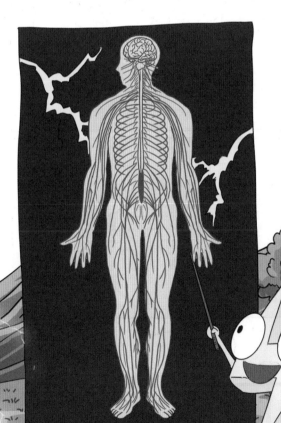

我全身都麻了……你也太厉害了……

因为动物也是用电信号来传递信息的。

虽然涨了知识，但是这种体验一次就够了。

大脑通过电信号告诉肌肉和器官如何工作。

电信号可以把感觉传递给大脑。

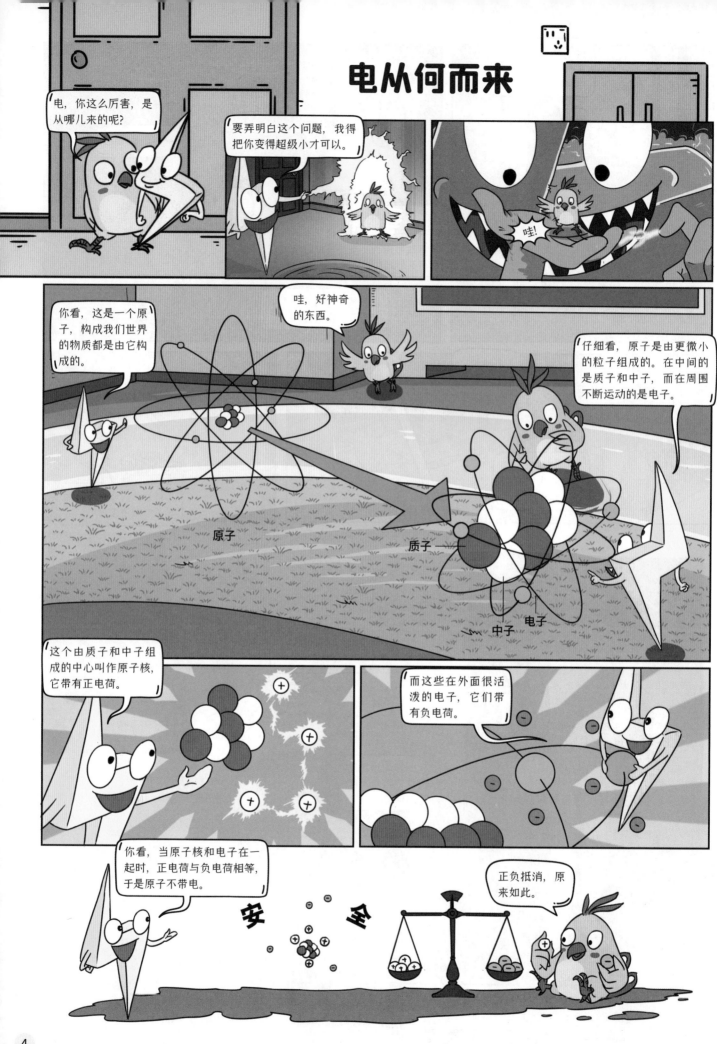

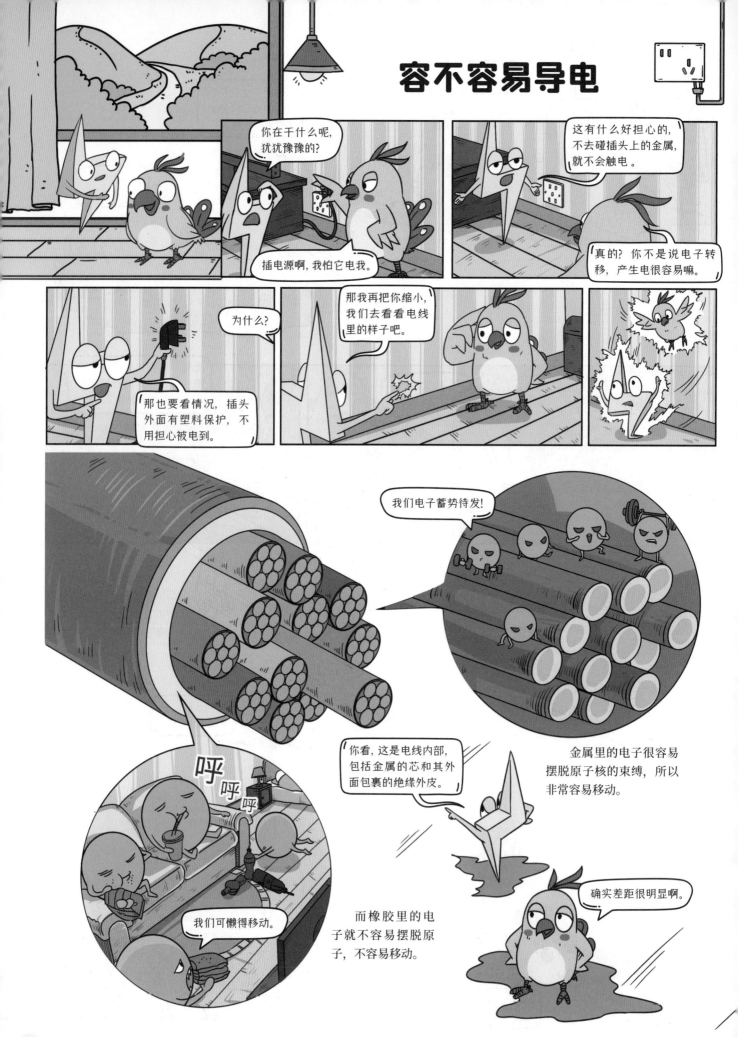

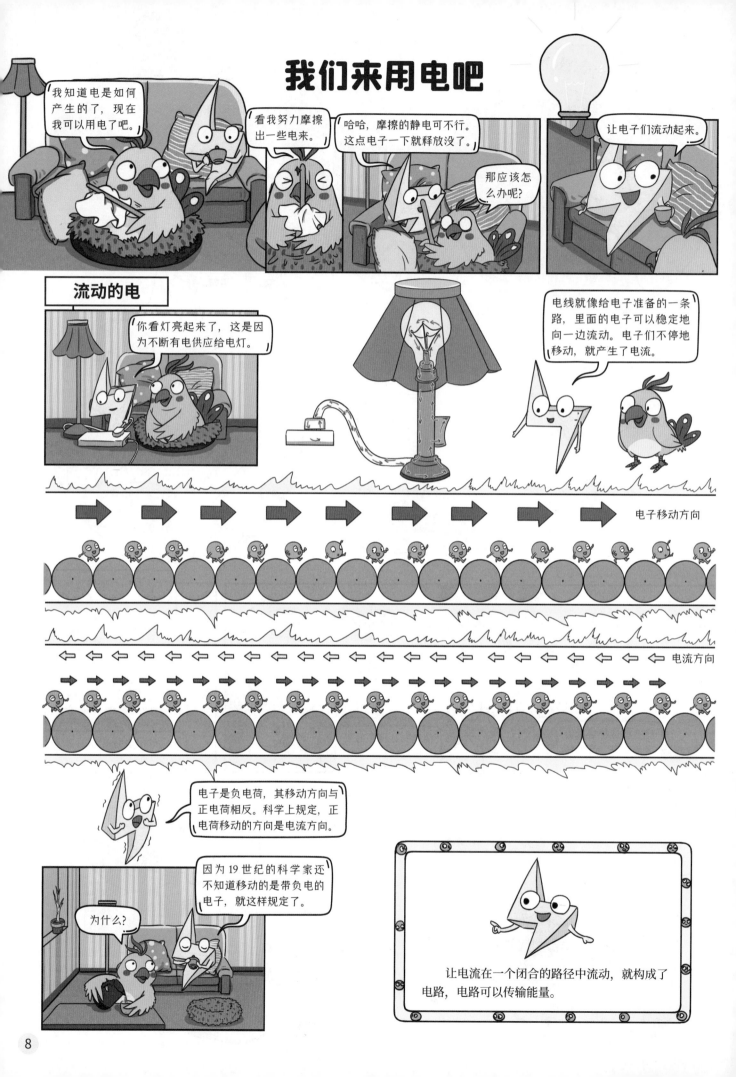

家中所用的电

我们在家中使用的电器都是接在家庭电回路中的用电器。现在你已经对电有所了解，再看看这些电器，你会发现很多与电相关的科学知识。

接在墙壁上的电源中的电子，会一会儿向前跑一会儿向后跑，在 1 秒钟内变 100 次方向！这种电流的方向是不断变化的，这种电叫交流电。

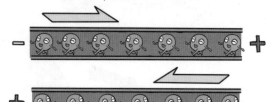

直流电

由电池产生的电流中，电子会一直从负极跑到正极，从不改变方向。这种方向不变的电流叫直流电。

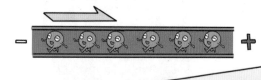

在家中我们通过把多个插座整合在一起的接线板来分流电力，这样就可以把交流电送到更多的电器上。

连接插座的家用电器使用交流电。

公接头

接地保护

为什么有些插头有两个金属接头（公接头），有的有三个金属接头呢？看看家里的电器，你会发现有三个金属接头的电器有金属外壳。一般情况下，电器内的电路与可能导电的金属外壳间有绝缘体阻隔。但是绝缘体也可能磨损，这就让金属外壳有带电的风险。插头上多出的这个金属接头连接着一根通向大地的导线，可以把外壳上的电导入大地，从而保证安全。

空气净化器

还记得用静电吸起纸屑的实验吗？我们家中的空气净化器也使用了类似的原理。净化器可不单单只用滤网过滤空气中的有害颗粒，还通过让过滤器带电的方式吸附更小的粒子。

前置滤网

滤网的网眼很小，粉尘、毛发等大颗粒物会被它拦下，以便保护其他滤网。

净化后的空气被排出。

活性炭滤网

活性炭是一种经过特殊处理的碳，上面有很多吸附能力很强的小孔，可以进一步净化有害颗粒。

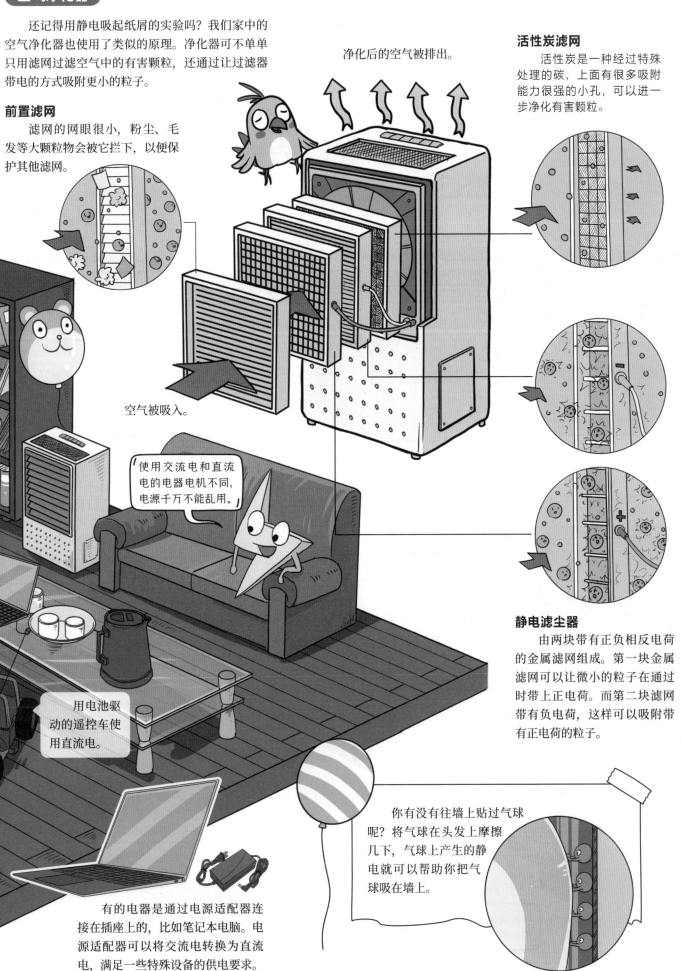

空气被吸入。

使用交流电和直流电的电器电机不同，电源千万不能乱用。

用电池驱动的遥控车使用直流电。

静电滤尘器

由两块带有正负相反电荷的金属滤网组成。第一块金属滤网可以让微小的粒子在通过时带上正电荷。而第二块滤网带有负电荷，这样可以吸附带有正电荷的粒子。

你有没有往墙上贴过气球呢？将气球在头发上摩擦几下，气球上产生的静电就可以帮助你把气球吸在墙上。

有的电器是通过电源适配器连接在插座上的，比如笔记本电脑。电源适配器可以将交流电转换为直流电，满足一些特殊设备的供电要求。

电会往哪儿走

让电动起来——电压

电真是方便，打开开关就通电。

不过，为什么电会在导线里流动呢？

因为有电压。

电压？那是什么？

你知道大气压和水压吧。

知道，大气压差是产生风的原因，水压差会让水流动。

同样，电压也会让电子流动，从而产生电流。

电压在生活中很常见，你看这个玩具的电池上就写着 1.5V。

V 是电压的单位，称为伏特，简称伏。

我一直有个疑问，为什么这里面的电池要相互反着放？

因为这样相邻两个电池的正极和负极就能接在一起了。

这种一个接一个正负极相连的连接方式叫串联，这样连接可以让电池的电压相加。

哦，原来是为了使电压更大。

下面这种正极与正极，负极与负极相连的方式就叫并联。它的并联电压只有与单个电源相同的 1.5V。因为电池之间可能有电势差，并联会让电在电池之间流动，造成不必要的损耗。

难怪没见过并联的电池。

阻碍电流的电阻

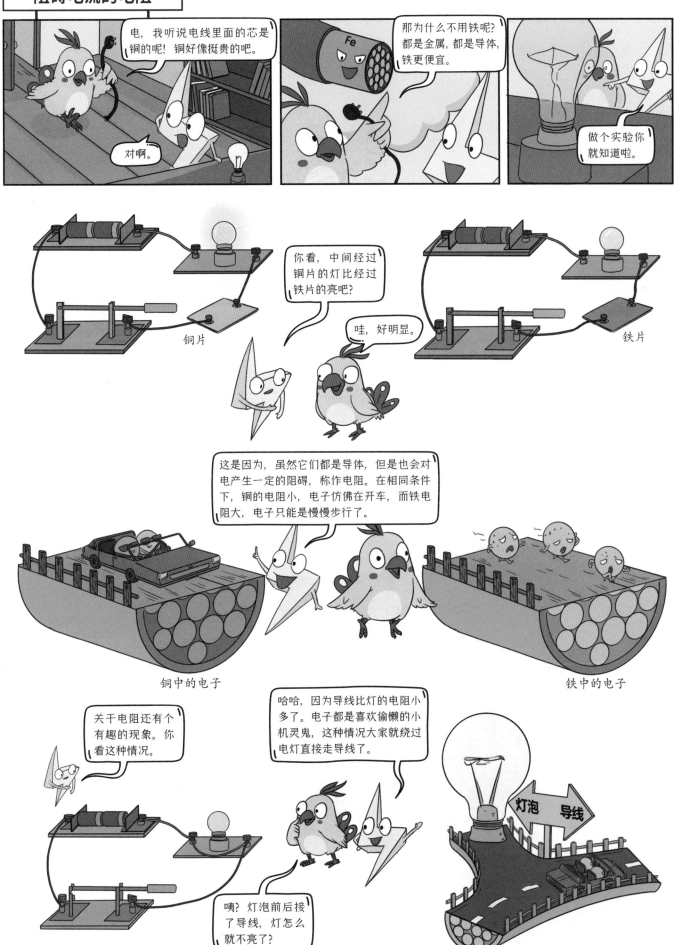

升压和降压，有趣的变压送电

我们日常所用的电都是用大型电厂的巨型发电机产生，经过线缆的传输才送到千家万户的。在送电的过程中，电压扮演了重要的角色。

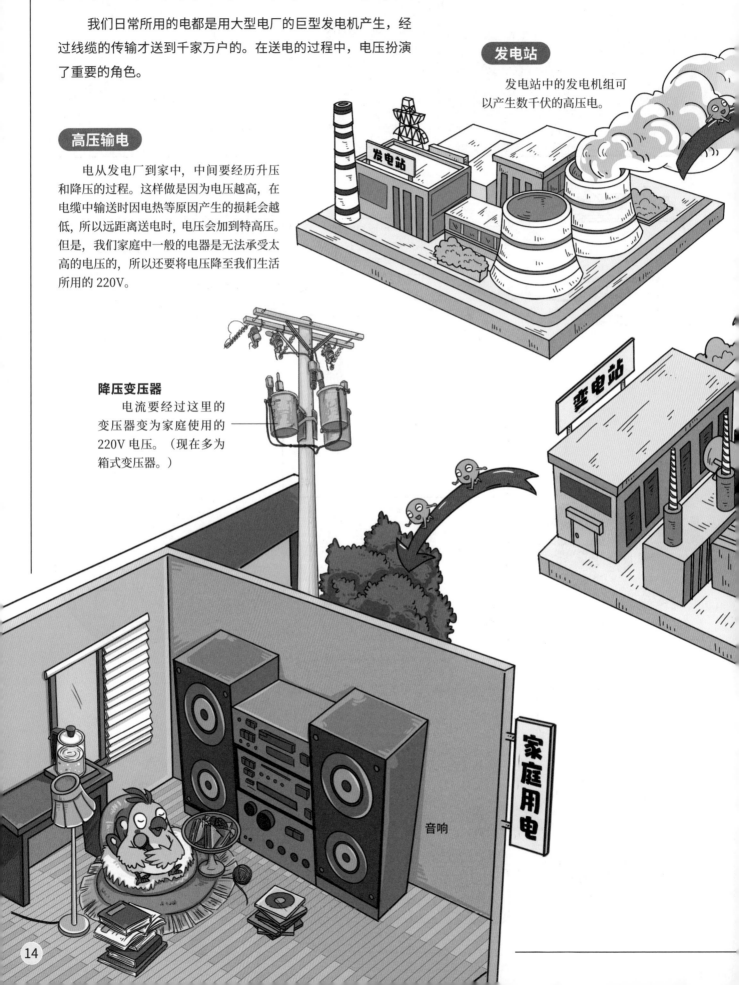

发电站

发电站中的发电机组可以产生数千伏的高压电。

高压输电

电从发电厂到家中，中间要经历升压和降压的过程。这样做是因为电压越高，在电缆中输送时因电热等原因产生的损耗会越低，所以远距离送电时，电压会加到特高压。但是，我们家庭中一般的电器是无法承受太高的电压的，所以还要将电压降至我们生活所用的220V。

降压变压器

电流要经过这里的变压器变为家庭使用的220V电压。（现在多为箱式变压器。）

变电站

家庭用电

音响

高压变电站

为了应对长距离输电，在这里电会通过升压变压器升高到几十万伏来减少损耗。

高压变电站

高压输电线

变为特高压的电由高压电缆传输，因为在高压的作用下，即使在空气中，电流也能传播相当远。所以高压输电线会经过强绝缘体零件悬挂在高塔上，且建在远离人群的地方。

变压器

变压器可以改变交流电的电压。它的基本结构是线圈缠绕在铁心上，当电流交替通过一侧的线圈时会因为电磁感应，让另一侧的线圈产生电流，线圈的匝数比例可以影响产生的电压，达到变压的目的。

低压
铁心
高压
线圈

变电站

这个变电站中的降压变压器可以将电压降到几千伏，以便输送到工厂、铁路等用电场所。

变电站中的降压变压器

它的原理与升压变压器相同，只不过其内部线圈的放置方式与升压相反。输入电的一侧线圈多，而输出一侧线圈少，可以达到降压的目的。

高铁与电网

高铁通过车顶的受电弓来接收电能。

受电弓
接触网

高铁站

会生热的电

这寒潮来得好突然，家里都这么冷。

我给你带来一个好东西——电暖炉。

雪中送炭啊！

真的暖起来了。电暖炉好神奇，没有看到火，却很热。

这叫电热，是一种电能转化为热能的现象。

电流通过导体时会发热。在电流不变的情况下，导体的电阻越大，电流通过时就越容易发热。

电阻好大，太难走啦！

它们看起来又挤又热呢。

英国著名的物理学家焦耳做了很多实验，研究出了电生热现象的规律。

感谢焦耳，现在我才能这么舒适。

电流通过导体的热量与电流的平方、导体的电阻还有通电时间成正比。

常用 R 作为代表电阻的符号。

R

电阻

科学家这个说法有点难懂。简单解释一下就是电流、电阻越大，通电时间越长，产生热量越多。

时间

电流

17

方便的电热小电器

电加热是最常见的用电方式之一，电热方便环保，不需要在家中使用额外的燃料，现在我们身边方便的电热家电已经越来越多，想知道它们都是怎样工作的吗？

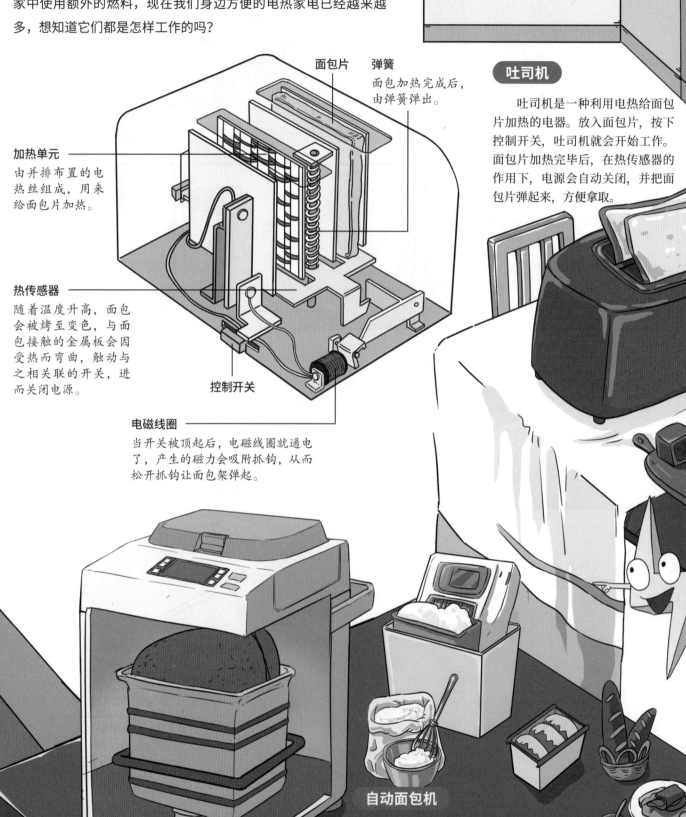

面包片

弹簧
面包加热完成后，由弹簧弹出。

加热单元
由并排布置的电热丝组成，用来给面包片加热。

热传感器
随着温度升高，面包会被烤至变色，与面包接触的金属板会因受热而弯曲，触动与之相关联的开关，进而关闭电源。

控制开关

电磁线圈
当开关被顶起后，电磁线圈就通电了，产生的磁力会吸附抓钩，从而松开抓钩让面包架弹起。

吐司机

吐司机是一种利用电热给面包片加热的电器。放入面包片，按下控制开关，吐司机就会开始工作。面包片加热完毕后，在热传感器的作用下，电源会自动关闭，并把面包片弹起来，方便拿取。

自动面包机

这种面包机由芯片控制，只要放入适量的面粉、水、酵母、盐等原料，机器就会自动完成搅拌、发酵、烘烤等步骤，烤出好吃的面包。

吹风机

用来吹干头发的吹风机可以方便地制造热风，虽然造型多种多样，它们内部的原理是相似的，都有电热丝，在通电之后可以产生热量。背后放置着风扇，用于吹出热空气。

出风口

电热丝

风扇电机

风扇

恒温器

如果吹风机因气流堵塞等原因造成温度异常升高，恒温器就会自动切断电源，保证吹风机的安全。

开关

电热水壶

传统的电热水壶有长长的加热元件盘绕在壶中，直接给水加热。一部分热水壶有恒温器，在水沸腾后就会断电。

与电安全相处的方式

你知道吗？我们家庭中所用的电也是有一套家庭电路系统的，它不但可以方便地提供电能，还有一系列保护我们的用电安全措施。不过，电在给我们的生活带来便利的同时，也有很多安全隐患，结合我们所了解的关于电的知识，学会安全地与电相处非常重要。

火线和零线

家庭用电中，进入用户家中的电线有两根，一根叫火线，一根叫零线，电器的插头分别与这两根线相接才会有电流通过。

总开关

家中电路的总开关，可以关闭和接通所有的电源接头。一般在家中还设有分开关，分别控制各个房间的插座用电、照明用电、空调用电等。

电能表

用于计量家中的用电量。

保险盒

在总开关后就是保险装置，传统的保险装置中有熔丝（俗称保险丝），当通过的电流过大时，熔丝会烧断，从而达到断电保护的目的。

火线

零线

地线

保险装置

熔丝，是简易保险装置，装在保险盒内。

现在，家中电路中更常见的是这种空气开关，当电流过大时它会自动断开，俗称跳闸。在发现电路问题并解决后，重新闭合开关即可恢复供电。

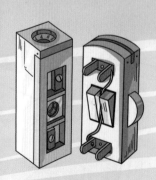

敞开插入式熔断器　　　封闭管式熔断器

地线

为防止有金属外壳的电器漏电，部分插头接有地线。

搞清哪根是零线，哪根是火线对于用电很重要，电工会用试电笔测试，试电笔头接触火线会显示有电流产生。小朋友千万不要触碰插座。

电流过载

我们家中所使用的电压是恒定的220 V，如果同时运行的大功率电器很多，在电路中通过的总电流就会上升。电流超过安全值，就可能会发生故障，甚至引起火灾。

电器接入过多，过于杂乱也是用电隐患。

触电事故

当人体接触电，形成闭合电路，有电流经过人体时就会发生触电事故。对于家用电路一般有下面两种情况。

如果发生触电事故，首先要切断电源，再展开救援。

电线短路

电线短路是一种常见而危险的故障，它的起因是零线与火线直接被接通，此时会有大量的电流通过，产生高温。有时电器的电线老化绝缘层脱落会造成电线短路。

同时接触了零线和火线，电流经过身体形成回路，发生触电。

接触了火线，电流经过人体与地面，和电网中的供电设备形成回路，同样会发生触电。

触电的伤害与电压有关，比如普通干电池的电压很低，手摸正负极并不会发生触电事故。家用电路中的电压已经足以构成触电伤害，高压电更加危险，高压电即使接近也可能发生触电，所以要远离高压电。

我知道了。

看不见的神秘力量——磁

今天我来介绍一位新朋友，我的好搭档——磁。

你好！

你好！

电的搭档一定不一般，你也会什么绝活吧。

我有超能力。

我能吸引物体。

有时，我还能排斥物体。

简单来说，磁是一种无形的力。

厉害吧。

不过我的能力只能作用在部分物体上，有的东西也不受我影响。

这能力还挺复杂。

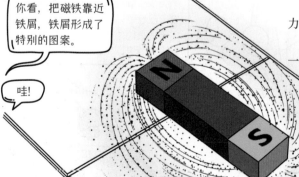

比如铁制品，它们有反应。而玻璃、塑料等没有反应。

有很多工具应用了我的能力，最常见的就是磁铁了。它们有很多形状。

通过磁铁和这些铁屑，你能更容易了解我。

你看，把磁铁靠近铁屑，铁屑形成了特别的图案。

哇！

这个图案就表现出了磁体周围有磁力的区域，叫作磁场。

铁屑沿着磁场排列成线，从磁铁的一头到另一头。

两极周围的铁屑又多又密，说明这两极的磁性最强。

22

看不见的磁场

磁性地球

我们的地球是一颗由矿物构成的星球，其内部主要是熔化的铁和镍。这些金属在地球内部流动，就形成了磁场，把地球变成了一颗"大磁铁"。

磁在自然界中广泛存在，有些岩石和矿物就是天然磁体。在很多古老的文献中都记录了人们发现石头吸引金属的例子。甚至我们生活的地球就是一块"大磁铁"，我们的生活与这块大磁铁的磁场息息相关。

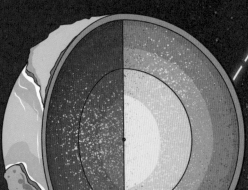

地球的无形保护者

太阳发射出的太阳风是一种带电粒子，它会破坏地球的臭氧层。而臭氧层是保护地球上的生命不受宇宙辐射伤害的重要屏障。幸好带电粒子只能沿着磁场线移动，所以地球的磁场偏转了太阳风，是地球无形的保护者。

因为抵御太阳风，地球朝向太阳一侧的磁场被压缩，而另一侧舒展。

地球的磁极

地球作为一个巨大的磁体，它的磁极大概就在地球的南极和北极。不过地球磁极的南、北极和地球的南、北极并不是同一个点。因为地球内部的金属在流动，所以地球的磁极也是在移动的。

用磁场确定方向

很久以前，人们就发现了处在地球磁场中的磁铁可以指明方向。因为磁铁的北极会被地球磁场的南极吸引，从而指向南方。在古代，中国就发明了司南这一指向工具。

生物定位

很多生活在地球上的动物，都有定位的本领，例如每年定期迁徙的鸟类。科学家分析，在一些昆虫、鸟类、鱼类的身体中有微小的天然磁体，这可以帮它们像指南针一样确定方向。

美丽的极光

梦幻般的极光是地球磁场附赠的礼物。太阳风中的带电粒子会被磁场引导到南北两极，当这些粒子与高层大气中的粒子发生"摩擦"时就出现了美丽的极光。

没想到你这么厉害，保护了整个地球的生命呢。

过奖过奖，这都是大自然的奇妙之处。

磁化和消磁——方便的磁应用

看不见的磁是一种用起来很方便的力。人们可以通过非常简单的方法给一些物体赋予或消除磁性，这就是磁化和消磁。

物体磁化

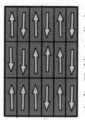

这个螺丝刀是磁铁做的吗？

不，它只是被磁化了而已。

磁感应

为什么磁体能吸起铁这样的物体呢？这是因为磁体产生的磁场进入了金属内，把金属也变成了磁体，然后因为两个磁体异极会互相吸引，它们就吸在了一起。

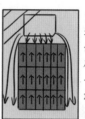

在金属内部有被称为磁畴的小型磁化区域，没有磁场干预时，它内部的排列是杂乱无章的。

当用磁铁等磁体靠近金属后，就会重新排列这些微小的磁畴，让它们排列一致，这块金属也就变成了磁体。

把磁铁放置在螺丝刀尖端一段时间就可以让它磁化。有些物体在磁化之后可以长时间保持磁性，被称为硬磁性材料；有些则不容易保持磁性，被称为软磁性材料。硬磁性材料还有很多有趣的用法。

磁记录

我们可以将硬磁性材料做成存储介质，比如磁带和磁卡。用微小的磁头来改变这些材质中磁颗粒的磁极方向，从而记录信息。当需要读取信息时，再用读取设备读取出这些磁极放大后的信号就可以了。

磁带的表面有用永磁材料制成的涂层，可以录入信息。通常我们用它来录音，其实它也可以用来保存文字呢。

磁带播放机会将薄磁带从磁带外壳中转出来，然后让它经过播放机的磁头，从而读取出其中记录的信息。

消磁

与让物体磁化相反，让物体失去磁性就是消磁。有时消磁会给我们带来麻烦，有时它也是保证精密设备正常工作的必要养护方法。

消磁的方法有很多，冲击、加热等方式都可以让物体消磁。

果然吸不起来了。

因为刚才的冲击，其中的磁畴又变得杂乱无章了。

当我们把一些物体，比如银行卡放在磁场边，也可能会消磁，因为它本来的磁畴改变了。这张卡就可能无法使用了。

有些物品带有磁性也会造成麻烦，比如精密的机械表，当其中的零件带有磁性后，会让表走时变快，无法正确计时。

这时我们就要给它进行消磁处理，放在专门的仪器上一小会儿，它就可以恢复正常。

老式电视如果被磁化就无法正确显示颜色，为了避免这种情况，电视中都安装有消磁电阻。

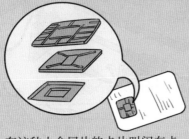

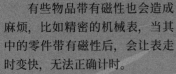

有这种小金属片的卡片叫闪存卡，闪存卡内部有小型的存储器，可以把信息变成电信号存储起来，使用读卡器便可以读取这些电信号。

我们电脑中所用的硬盘中也是一张用于读写的盘片，它的上面也有永磁体做成的涂层，可以通过磁头来存储和读取。

带有一道黑色磁条的卡片是磁卡，这种磁条存储信息的方式和磁带类似，都是用磁性存储信息。

用电来生磁吧

强大的电磁铁

用电产生磁最简单的应用就是电磁铁，它是一种结构简单又方便的工具。

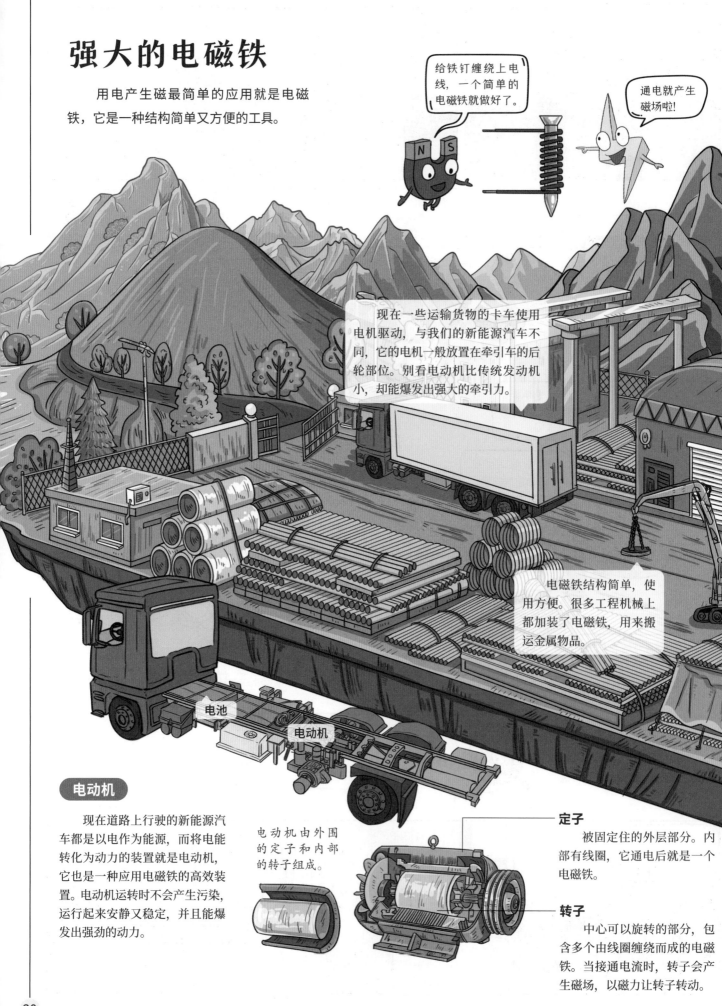

给铁钉缠绕上电线，一个简单的电磁铁就做好了。

通电就产生磁场啦!

现在一些运输货物的卡车使用电机驱动，与我们的新能源汽车不同，它的电机一般放置在牵引车的后轮部位。别看电动机比传统发动机小，却能爆发出强大的牵引力。

电磁铁结构简单，使用方便。很多工程机械上都加装了电磁铁，用来搬运金属物品。

电池

电动机

电动机

现在道路上行驶的新能源汽车都是以电作为能源，而将电能转化为动力的装置就是电动机，它也是一种应用电磁铁的高效装置。电动机运转时不会产生污染，运行起来安静又稳定，并且能爆发出强劲的动力。

电动机由外围的定子和内部的转子组成。

定子
被固定住的外层部分。内部有线圈，它通电后就是一个电磁铁。

转子
中心可以旋转的部分，包含多个由线圈缠绕而成的电磁铁。当接通电流时，转子会产生磁场，以磁力让转子转动。

电铃

学校中告诉我们上课与下课的铃声来自电铃，你在楼道中很容易发现它们的身影。这种电铃在很多地方都有使用，其内部结构就应用了电磁铁。巧妙的构造让它可以快速地重复铃声。

锤子
衔铁
接触器

按下电铃的开关之后，电流会通过电磁铁，吸引衔铁靠近电磁铁，带动锤子敲响电铃。

电铃敲响时，衔铁离开接触器，电路断开，电磁铁失去磁力。这时弹簧会让衔铁归位，于是电路又被接通，再次敲响电铃。这个过程循环，就可以发出密集的铃声了。

电磁起重机

电磁起重机

巨大的电磁起重机其实和我们自制的小电磁铁类似。它巨大的吸盘有厚厚的钢壳，在钢壳内缠绕着线圈。电流通过线圈时会产生磁场。磁场的强度取决于电流的大小。这种电磁铁吸引金属的力量非常大，所以常用在钢铁厂，它能搬动几十吨重的钢材。

电磁起重机可以靠电流的开关控制磁力的有无，这样就可以方便地进行吸起和放下的作业。

用磁产生电

确实可以的。

现在我知道电可以产生磁，那磁可以反过来产生电吗？

发现电能生磁之后，有很多科学家也研究了这个问题。

后来英国物理学家迈克尔·法拉第通过大量的实验，发现了磁也可以产生电。

法拉第把一段导线放在磁铁中间，给它接上一块电流表，电流表没有任何反应。

他又尝试把磁铁中间的导体换成其他材质，或更换更大的磁铁，都没有产生电流。

当导体开始移动时，电流表忽然开始动了，说明有电流产生。

随后，法拉第又发现并不是只要导体移动就一定能产生电流，电流的产生似乎和导体移动的方向也有关。

并且导体来回移动，电流方向也会转变，果然电流与导体的移动方向有关。

当导体顺着磁体的磁力线移动时，并不会产生电流。

当导体"切割"磁力线移动时，就会产生电流。

基于法拉第的发现，人们造出了发电机，从此步入了电气化时代。

那我们使用的电是如何生产出来的呢？

给你做个简易的看一看吧。

在经过仔细的研究后，法拉第总结了磁生电的条件和规律，让人们更加了解电现象与磁现象之间的关系。

简单来说，发电机就是一个在磁场中不断旋转的线圈。因为旋转，所以线圈可以不断"切割"这个磁场的磁力线，从而产生电流。

不过这种旋转发电的方式会让产生的电流随着旋转，来回变换方向，就产生了交流电。

有人又把发电机后面改成了这种样式，就可以让电流方向总保持一个方向，就成为直流发电机啦。

用旋转的线圈就能发电，科学家真是聪明。

各式各样的发电厂

　　我们生活中所使用的电来自发电厂，发电厂中有巨大的发电机组可以生产大量的电能。这些看起来非常庞大而先进的发电机运用的原理同样是让金属线圈切割磁力线。因为推动发电机转动的动力多种多样，于是我们有火力、水力、风力等多种发电厂。

发电厂使用的发电机

　　由于大型发电机的线圈过于沉重，所以通常将线圈作为发电机外部的定子，将磁铁作为转子在内部旋转。为了让磁场足够强大，发电机中一般也用电磁铁代替永磁体。

包含线圈的定子

内部旋转的
电磁铁转子

水力发电站

　　通过修建大坝，可以提升河道上游的水位，让水拥有更大的势能。这时通过引水渠道将高位的水向低位引流，水流动的巨大力量就可以推动水轮机叶片旋转，涡轮带动发电机的转子，就可以源源不断地发电了。

　　水力发电是一种清洁、环保且廉价的发电方式。但是建造周期较长，容易受到地形的限制而难以装配容量大的发电机。同时这种发电形式容易受干旱、洪水等的影响。改变河流的流量也可能会对下游的环境造成影响。

风力发电

在一些有着特殊地理环境的地区，长年多风，在这里我们可以修建巨大的风车——风力发电机来发电。在使用风力发电的地方我们可以见到数量众多的风力发电机，它们一同工作，生产出清洁电能。

因为风力的不稳定，风力发电所产生的电能也是变化的，这些电会首先存储于电瓶中，然后通过变压器送出持续而稳定的电。

通常风力发电机的叶片不会旋转得非常快，所以在发电机内部有齿轮箱，它可以将叶片的低速旋转转变为齿轮的高速旋转，达到发电机需要的转速。同时，因为风的大小往往不定，发电机还要通过调速结构获得稳定的转速，以便持续发电。

在发电机下部的偏航马达可以调节风车的指向，保持迎风发电。

火力发电

火力发电是一种主要的发电形式，通过燃烧可燃物的热能，推动发电机工作。根据燃料不同，有燃煤、燃油、燃气等多种发电方式。因为化石燃料是不可再生资源，燃烧也会造成环境污染，现在我国正在积极使用其他的发电形式。

火力发电机组中有巨大而结构复杂的涡轮，它可以高速旋转为发电机带来强大的动力。

在锅炉中水被加热成水蒸气，送往涡轮。

将河流中的水引入发电厂，将高温蒸汽冷却成液体。

燃烧煤炭所产生的气体会被送往锅炉。

水蒸气

高压的水蒸气可以带动涡轮旋转。

汽轮机

旋转的涡轮带动发电机发电。

锅炉　水

发电机

冷凝器

冷却水会循环回河流。

一部分水将水蒸气冷却。

方便的电池

在生活中除了家用电源之外，我们最常用的电源就是电池了。与发电厂中发电机用机械能转化为电能不同，电池中并没有运动的发电机，它是通过内部含有的化学原料，通过化学反应来产生电的。

电池产生电流的方式

当我们将电池的正负极接通时，电子会从负极通过电路流向正极，由此产生电流。所有的电池都有两极，其内部装有能够产生化学反应的电解液。当反应进行时，电子会聚集在电池的负极，而正极则失去电子。当电池接入电路后，负极的电子会通过电路向正极移动，产生电流。

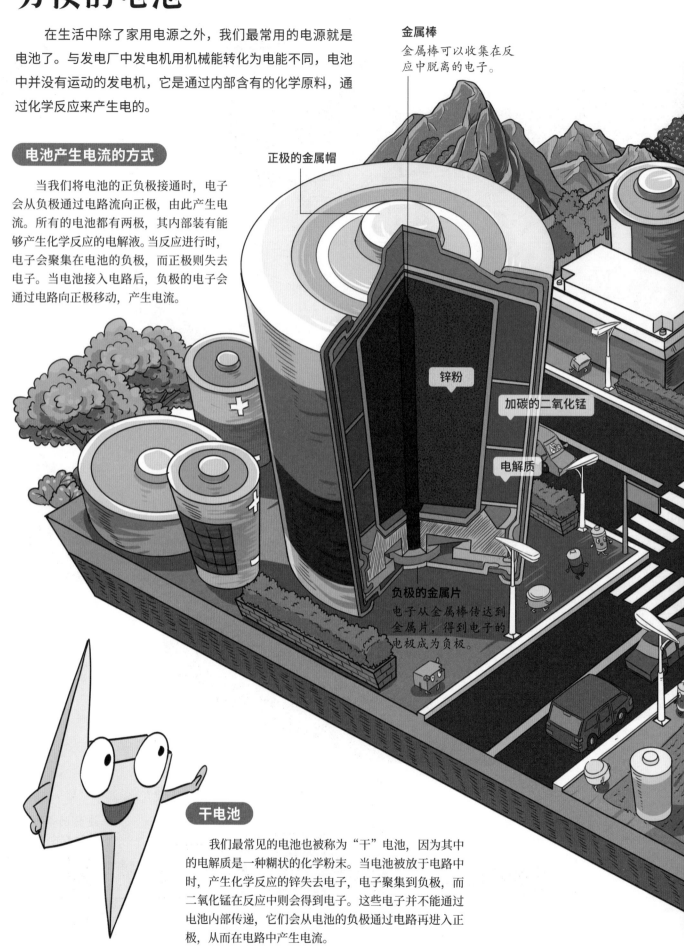

金属棒
金属棒可以收集在反应中脱离的电子。

正极的金属帽

锌粉

加碳的二氧化锰

电解质

负极的金属片
电子从金属棒传达到金属片，得到电子的电极成为负极。

干电池

我们最常见的电池也被称为"干"电池，因为其中的电解质是一种糊状的化学粉末。当电池被放于电路中时，产生化学反应的锌失去电子，电子聚集到负极，而二氧化锰在反应中则会得到电子。这些电子并不能通过电池内部传递，它们会从电池的负极通过电路再进入正极，从而在电路中产生电流。

汽车蓄电池

汽车所使用的蓄电池就和我们刚才看到的干电池有所不同了。首先它既可以放电也可以充电，同时它的内部大多装有酸性的液体电解液，所以也叫"湿"电池。

有时我们在更换全新的蓄电池时，还要给电池加电解液。

并且这种蓄电池是由一系列电池组连接在一起组成的。

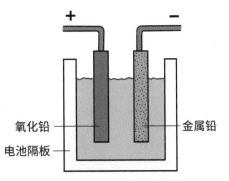

当电池放电时，金属铅和氧化铅都会与电池中的硫酸液反应。这时电子就会从金属铅的负极通过电路跑到氧化铅的正极，从而产生电流。

当给电池充电的时候，这个电池会发生与放电时相反的反应，重新把反应过的金属铅和氧化铅变回原样，完成充电。

汽车蓄电池的两极分别连接着铅板和氧化铅板，它们互相交叉，浸泡在硫酸电解液中。

纽扣电池

纽扣电池中含有锌粉，它与负极相连。当接通电池时，锌粉会变成氧化锌，电子从负极跑到电路中，再跑到正极，产生电流。

这里只是以常见的铅酸电池举例，实际上电池使用的成分多种多样，它们的性能各有特点，也各有优劣。

看起来有的电量大、质量轻，有的可以反复使用，还真难取舍。

电与磁的有趣发明

可以"看"透地下的金属探测仪

你也许在电影或动画片中见到过金属探测仪，它就像拥有魔法一样，能告诉你地下是否存在金属，从而让人可以发现埋藏在地下的宝藏。其实这种奇特的功能是应用电与磁之间的关系实现的。

金属探测仪可以产生磁场，当地下的金属遇到移动的磁场时会产生微弱的电流，而这些电流又会产生新的磁场，这种磁场被金属探测仪感知，就能发现金属。

探测头上接有导线。一根导线为探测头的检测线圈供电，另一根导线可以把探测头感受磁场产生的电信号传输到仪表。

探测头

金属探测仪的探测头中有两组线圈，它们分别负责产生磁场和感知磁场。产生磁场的是发送线圈，感知磁场的是接收线圈。

检测线圈

检测线圈由发送线圈和接收线圈两部分组成，这两个线圈相互叠加在一起。在外界没有金属时，两个线圈内的电流互相平衡，当遇到金属时，平衡被打破，检测线圈就会产生微弱的电流来输送信号。

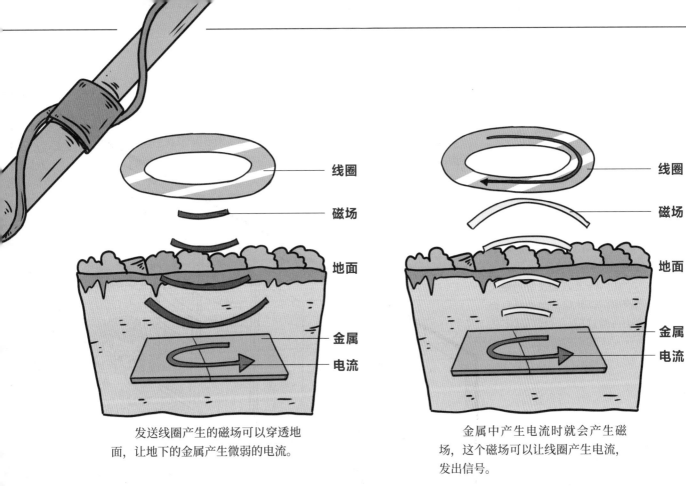

线圈

磁场

地面

金属

电流

线圈

磁场

地面

金属

电流

发送线圈产生的磁场可以穿透地面，让地下的金属产生微弱的电流。

金属中产生电流时就会产生磁场，这个磁场可以让线圈产生电流，发出信号。

发现金属的安检门

在机场等地常见的金属探测器也应用了和金属探测仪类似的原理。它的线圈放置在门框中，当仪器捕捉到反向电流后门上的警报灯就会亮起。

金属探测门的传感器会发出磁场。

磁场遇到金属会让它产生微弱的电流，从而产生磁场。

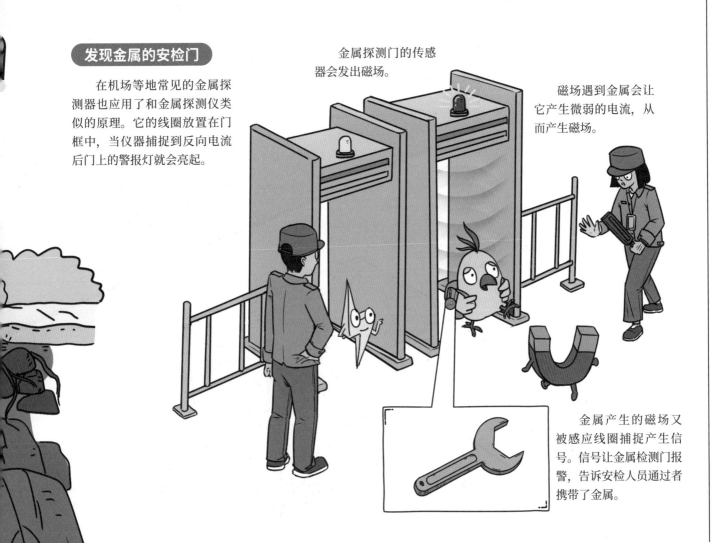

金属产生的磁场又被感应线圈捕捉产生信号。信号让金属检测门报警，告诉安检人员通过者携带了金属。

忙碌的食品店

"看见"你的自动门

你知道商店的自动门是如何"看"到你的吗？它用的是微波。微波可以照射固定的区域，并用传感器捕捉反射回来的微波信号。如果这一区域没有移动的物体，反射回的微波就不会有变化。如果有物体进入，反射回的微波频率就会变化。

微波探测器

这里的探测器可以发射微波和接收反射微波，当发现有物体靠近便用信号指示开门。

安全波束

在门的上方会发射一道安全波束，以此检测是不是有物体正在通过门。这样门就不会在有人通过时关闭而使人受伤。

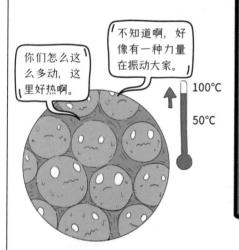

你们怎么这么多动，这里好热啊。

不知道啊，好像有一种力量在振动大家。

100℃

50℃

能加热食物的微波炉

科学家发现电磁场中有着超高振荡频率的微波可以振荡食物中的水分子、蛋白质等分子，让这些分子之间互相摩擦、碰撞从而产生热量。应用这个现象，人们发明了方便快捷的微波炉。

天线

可以将微波发射到炉内加热食物。

金属网

可以将微波挡在炉中，提高效率，减小对外界的影响。

风扇

用于给微波炉内的电子元件降温，微波炉内还有排出油烟用的风道。

磁控管

微波炉中核心元件，它可以用电能产生微波。

变压器

将家用电源的电压转变成电器内部需要的电压。

转盘

旋转食物让食物均匀受微波影响，现在很多微波炉取消了转盘，改为变化微波在炉内的方向。

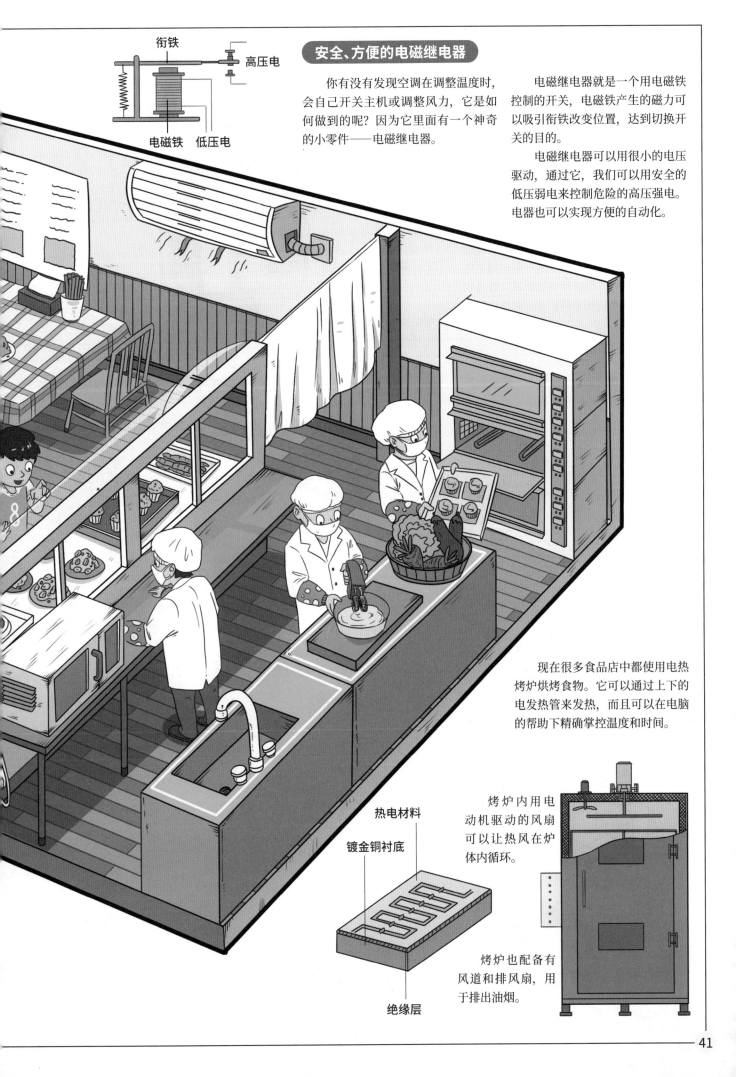

衔铁

高压电

电磁铁　低压电

安全、方便的电磁继电器

你有没有发现空调在调整温度时，会自己开关主机或调整风力，它是如何做到的呢？因为它里面有一个神奇的小零件——电磁继电器。

电磁继电器就是一个用电磁铁控制的开关，电磁铁产生的磁力可以吸引衔铁改变位置，达到切换开关的目的。

电磁继电器可以用很小的电压驱动，通过它，我们可以用安全的低压弱电来控制危险的高压强电。电器也可以实现方便的自动化。

现在很多食品店中都使用电热烤炉烘烤食物。它可以通过上下的电发热管来发热，而且可以在电脑的帮助下精确掌控温度和时间。

热电材料

镀金铜衬底

烤炉内用电动机驱动的风扇可以让热风在炉体内循环。

绝缘层

烤炉也配备有风道和排风扇，用于排出油烟。

忙碌的办公室

生活中常见到石英钟表，它走时精准，造价便宜，让人们可以方便地拥有计时工具。它为什么叫石英钟表，石英又是如何帮人们计时的呢？

石英钟表就是利用石英的压电效应来计时的。在表中有一个石英振荡器，由电池为它供电，让石英的振荡产生精确的电流脉冲。然后这道脉冲经过处理，传递到电磁铁上，驱动发动机转动，带动齿轮让钟表走时。

石英和陶瓷的压电效应，就是当石英受到压力时，它内部的带电粒子会移动，从而产生微弱的电荷。反过来，如果给石英施加一个电信号，石英就会以固定的周期振动。

石英振荡器

发动机
电磁力会扭转发动机转动，它每秒转动 180°。

齿轮
齿轮组把发动机的转动传递到各个指针，让它们转动一秒所对应的角度。

电磁体线圈
电磁体线圈中通过电流，产生电磁力。

微型芯片
芯片可以将振荡器传来的信号处理，产生一秒一次的电信号传递给电磁铁。

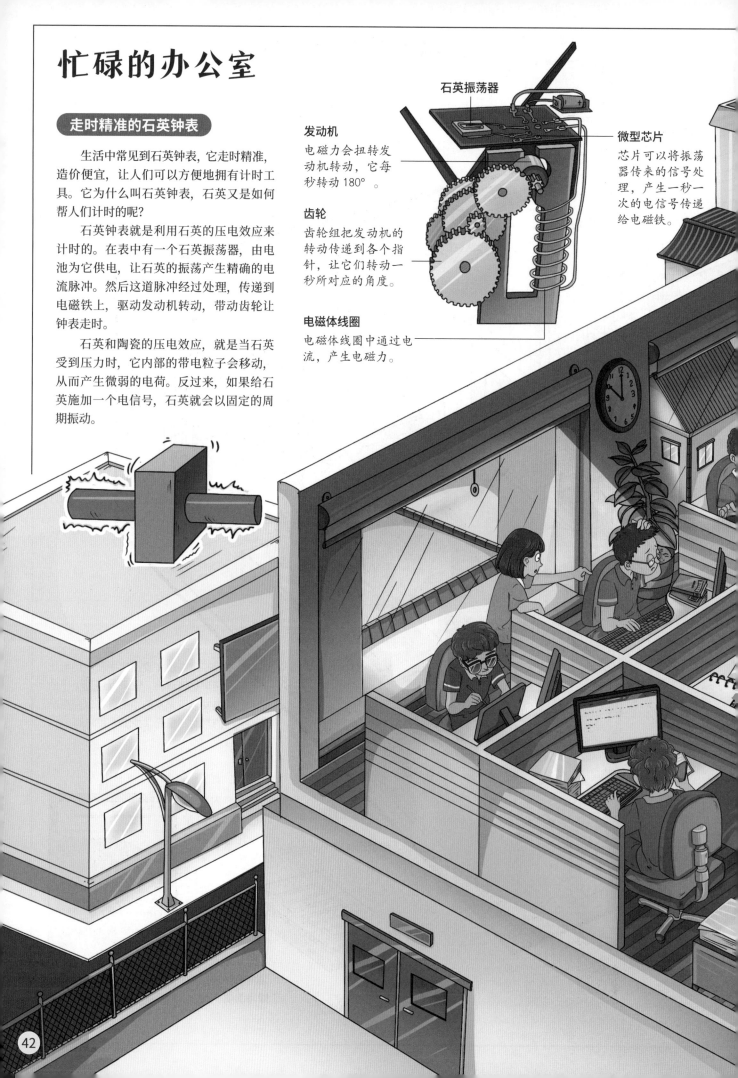

用键盘输入信号

　　键盘要把那么多字母传递给电脑，是怎么做到的呢？其实在键盘里是一套电路，每个按键就像一个开关。按下它，一个闭合的电路就会把电流信号传达到芯片去，芯片就会把信号处理成代码告诉电脑。

橡胶垫圈

橡胶垫圈可以把按键弹回原位，有些机械键盘内也会用弹簧代替橡胶垫圈。

芯片接头

在按键下有芯片接头，仔细看看家里的键盘，可以发现电路在这里是断开的。

垫圈和金属接头

每个按键下有垫圈和金属接头，当金属接头被按压到芯片上时，断开的电路就被接通了。